essentials

Sophia Gesing

Medikamente zur Selbstoptimierung

Neuro-Enhancement in der Arbeitswelt

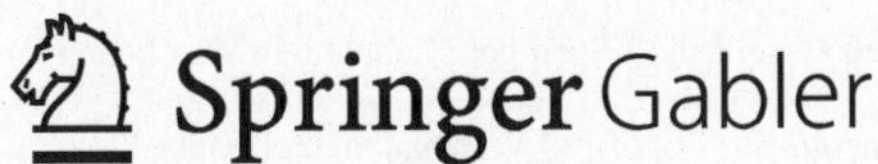

Sophia Gesing
München, Deutschland

ISSN 2197-6708   ISSN 2197-6716   (electronic)
essentials
ISBN 978-3-658-31217-6   ISBN 978-3-658-31218-3   (eBook)
https://doi.org/10.1007/978-3-658-31218-3

Die Deutsche Nationalbibliothek verzeichnet diese Publikation in der Deutschen Nationalbibliografie; detaillierte bibliografische Daten sind im Internet über http://dnb.d-nb.de abrufbar.

Planung/Lektorat: Irene Buttkus
Springer Gabler ist ein Imprint der eingetragenen Gesellschaft Springer Fachmedien Wiesbaden GmbH und ist ein Teil von Springer Nature.
Die Anschrift der Gesellschaft ist: Abraham-Lincoln-Str. 46, 65189 Wiesbaden, Germany

Was Sie in diesem *essential* finden können

- Darlegung der Merkmale und Auswirkungen der heutigen Arbeitswelt auf das Individuum
- Einführung in das Phänomen des Neuro-Enhancements in Deutschland
- Fundierte Erkenntnisse zur Einnahme von Psychopharmaka bei gesunden Menschen
- Eine ethische Diskussion zu der Einnahme von Medikamenten am Arbeitsplatz
- Gezielte Handlungsempfehlungen für Arbeitnehmer, Unternehmen und Politik

Inhaltsverzeichnis

Einleitung 1

> *There's always soma to calm your anger, to reconcile you to your enemies, to make you patient and long-suffering. In the past you could only accomplish these things by making a great effort and after years of hard moral training. Now, you swallow two or three half-gramme tablets, and there you are. Anybody can be virtuous now.*
>
> *Brave New World, Kap. 17, S. 238*
>
> *Aldous Huxley (1932)*

Hirndoping, Smart Drugs, Neuro-Enhancement – Die Einnahme psychoaktiver Substanzen ist nicht mehr nur ein Thema für Science-Fiction-Romane oder Hollywood-Filme. Der Roman *Brave New World* von Aldous Huxley (1932), aus dem das einleitende Zitat stammt, beleuchtet eine Gesellschaft im Jahr 2540 n. Chr., deren Basis des Zusammenlebens durch den täglichen Konsum der Droge *Soma* geprägt ist.

Ist dieses beschriebene Gesellschaftsszenario jedoch überhaupt noch eine Vision der Zukunft? Aktuelle wissenschaftliche Arbeiten belegen das Gegenteil und beschreiben Medikamente und Drogen als alltägliche Gebrauchsgüter. Polarisierende Schlagzeilen wie „Job-Doping kennt weder Status noch Gehalt" (Axel Springer SE, 2015), „800.000 Deutsche dopen sich für den Job" (Meyer-Radtke 2009) und „Jeder fünfte Student putscht sich auf" (Trenkamp 2013) erscheinen alarmierend. Bekannte Persönlichkeiten, wie der SPD-Politiker Michael Hartmann, gaben bereits offen zu, psychoaktive Substanzen am Arbeitsplatz zu konsumieren (SPIEGEL Online 2014). Das Thema des Hirndopings, das

© Der/die Herausgeber bzw. der/die Autor(en), exklusiv lizenziert durch Springer Fachmedien Wiesbaden GmbH, ein Teil von Springer Nature 2020
S. Gesing, *Medikamente zur Selbstoptimierung*, essentials,
https://doi.org/10.1007/978-3-658-31218-3_1

in der wissenschaftlichen Terminologie Neuro-Enhancement genannt wird, ist in den Medien stark präsent.

Ist Neuro-Enhancement jedoch wirklich so weit verbreitet? Welchen individuellen Nutzen sehen die Konsumenten? Inwieweit birgt die Einnahme Risiken? Wie müssen Politik, Gesellschaft und Wirtschaft gegebenenfalls in Aktion treten?

Dieses essential referiert wissenschaftliche Erklärungsansätze und versucht, Antworten auf die offenen Fragen zu erhalten. Das Ziel ist es, die Bedeutung der Einnahme psychoaktiver Substanzen im Arbeitskontext zu untersuchen sowie ein aktuelles und ganzheitliches Bild auf die Datenlage und das Phänomen des Neuro-Enhancements in Deutschland zu geben. Zudem sollen für die praktische Anwendung Handlungsempfehlungen und Alternativen zur Einnahme verschreibungspflichtiger Medikamente zur Selbstoptimierung ermittelt werden.

Merkmale der heutigen Arbeitswelt 2

Deutschland ist geprägt von Leistungsstreben und Individualismus. Beide Charakteristika fanden ihren Ursprung im letzten Jahrhundert im Rahmen der fortschreitenden Industrialisierung. Heute ergibt sich daraus eine Gesellschaft, die sowohl Leistung fordert als auch den Menschen als einzigartiges und autonomes Individuum ansieht. Dieser gesellschaftliche Rahmen prägt dabei das Individuum sowie die Interaktionen und spiegelt sich folglich ebenso in der Ausgestaltung der Arbeitswelt wider (Rieser-Lembang 2016). Die heutige Arbeitswelt ist durch vier zentrale Merkmale charakterisiert, welche nachhaltige Veränderungen für Unternehmen und Arbeitnehmende mit sich bringen. Diese Merkmale umfassen Digitalisierung, Wissensmanagement, Flexibilisierung und Intrapreneurship.

2.1 Digitalisierung von Unternehmen

Der Begriff *Digitalisierung* beschreibt im ursprünglichen Sinne den Wandel von analogen zu digitalen Daten durch den Einsatz und die Nutzung moderner Informations- und Kommunikationstechniken (Deloitte 2013). Heute umfasst der Begriff eine Vielzahl an Technologien, die seit der Erfindung des Internets die Arbeitswelt anhaltend verändern. Konzepte wie Big Data, Automatisierung und Künstliche Intelligenz sowie neue Fertigungstechniken wie der 3D-Druck und die Robotik finden Einzug in die Produktion und Dienstleistung. Die Digitalisierung ist dabei aber auch verantwortlich für zunehmenden Wettbewerbsdruck für Unternehmen. In einer Studie des Digitalverbandes Bitkom (2019) heißt es, dass Unternehmen leicht von Wettbewerbern der eigenen Branche überholt werden, welche frühzeitig die digitale Transformation anstießen. Unternehmen forcieren daher umso stärker die Kostenreduktion und Effizienz-

S. Gesing, *Medikamente zur Selbstoptimierung*, essentials,
https://doi.org/10.1007/978-3-658-31218-3_2

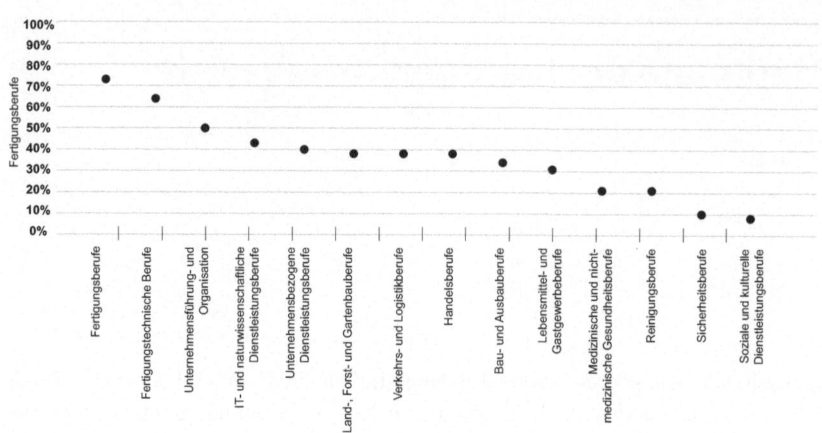

Abb. 2.1 Substituierbarkeitspotenziale nach Berufssegmenten. (Quelle: Eigene Darstellung in Anlehnung an Dengler und Matthes 2015, S. 14)

steigerung. In der Folge der Digitalisierung werden Arbeitsplätze automatisiert, sofern der Einsatz von digitalen Technologien wirtschaftlich erscheint. Der Mensch wird an vielen Stellen ersetzt oder agiert in direkten, kollaborativen Mensch-Maschine-Interaktionen (Van der Markt 2012). Ein Szenario, welches sich bereits anfängt abzuzeichnen, geht davon aus, dass insgesamt 12 % aller Berufe stark automatisierungsgefährdet sind. Bei vielen weiteren Berufen werden sich die Tätigkeiten verschieben und tief greifend verändern (Dengler und Matthes 2015). Abb. 2.1 zeigt die prognostizierten Substituierbarkeitspotenziale aufgrund der Automatisierung nach Berufssegmenten. Bei Fertigungsberufen in der Industrie könnten heute schon über 70 % der Tätigkeiten durch einen Computer ersetzt werden. Ein sehr niedriges Automatisierungsrisiko der Tätigkeiten (unter 10 %) weisen hingegen soziale und kulturelle Dienstleistungsberufe wie Erziehung oder Pflege auf.

2.2 Wissensmanagement in Organisationen

Wissen als strategische Ressource für das Individuum und als Wettbewerbsvorteil für Organisationen gewinnt zunehmend an Bedeutung. Während zuvor das Sachkapital und Rohstoffe die primäre Rolle in der Arbeitswelt spielten, sind heutzutage die Generierung, Nutzung, Organisation und der Transfer von Wissen die Basis von Wachstum und Produktivität (Rieser-Lembang 2016). Dahinter liegt die Wirkungskette, dass Wissensgenerierung zu Innovationen führt, welche wiederum in der Sicherung der Wettbewerbsfähigkeit auf lokaler, nationaler und internationaler Ebene mündet (Dienel und Willke 2004). Parallel zur Notwendigkeit von Wissen ist darüber hinaus jedoch zu beachten, dass die Halbwertszeit von Kenntnissen abnimmt. Dies bedeutet, dass die Bedeutung und Aktualität sich abhängig vom erlernten Fachwissen im Zeitverlauf stark verringern. Abb. 2.2 zeigt diese Entwicklung für unterschiedliche Kenntnisse. Es wird deutlich, dass beispielsweise spezifisch erlernte IT-Kenntnisse innerhalb von 10 Jahren bereits überholt und nicht mehr aktuell sind.

Erworbene Kenntnisse und Fähigkeiten müssen folglich kontinuierlich überprüft und angepasst werden (Dienel und Willke 2004). Dies stellt auch neue Forderungen an Organisationen und ihre Mitarbeiter. Lebenslanges Lernen ist essenziell. Zudem verlagern sich im Unternehmen die Tätigkeiten der Mitarbeiter von manueller Arbeit in Richtung kreativer und konzentrierter Wissensarbeit mit intensivem Informationsbezug. Große Mengen an Informationen müssen dabei kritisch erschlossen und in ihrer Komplexität auf das Wesentliche analysiert werden. Die Mitarbeiter, ihr Wissen und ihre Fähigkeiten sind daher die entscheidenden Produktionsmittel und „Rohstoffe" (Van der Markt 2012). In der Folge werden auch komplett neue Kompetenzanforderungen an die Mitarbeiter gestellt. Schlüsselkompetenzen wie Veränderungsbereitschaft, Anpassungsfähigkeit und der Umgang mit moderner Technik werden unerlässlich.

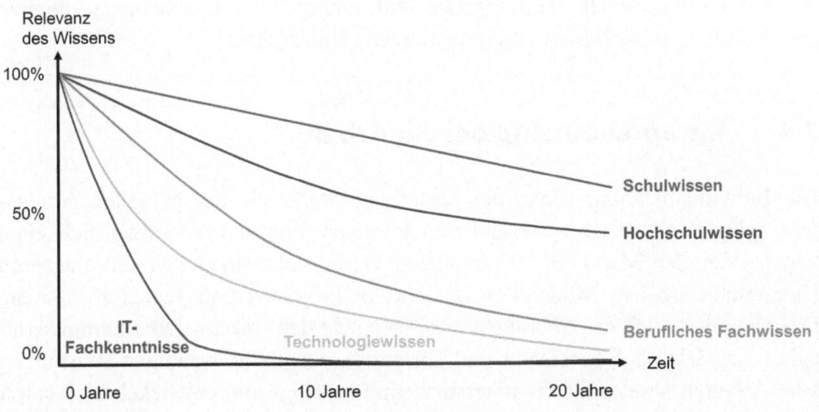

Abb. 2.2 Halbwertszeit des Wissens. (Quelle: Eigene Darstellung in Anlehnung an Schüppel, 1996, S. 238)

2.3   Flexibilisierung der Arbeit

Das ursprüngliche Verständnis der Arbeitszeit- und Arbeitsortgestaltung verändert und flexibilisiert sich. Die ursprüngliche Prämisse „Arbeit an einem fixen Ort zu festgelegter Zeit" hat keinen Bestand mehr. Mitarbeiter fordern als Konsequenz der gesellschaftlichen Individualisierung interne und räumliche Flexibilisierung, die sich im mobilen und virtuellen Arbeiten, Home-Office sowie flexiblen Arbeitszeitmodellen widerspiegelt (Rieser-Lembang 2016). Die digitalen Kommunikationsmittel ermöglichen es, zu unterschiedlichen Zeiten von unterschiedlichen Orten zu arbeiten. Feste Arbeitszeiten und -plätze verlieren an Bedeutung; die starre Präsenzkultur wird von einer Mehrzahl an Erwerbstätigen nicht mehr genutzt (Van der Markt 2012). Als Antwort auf die individuellen Lebensentwürfe soll auch die Arbeit sich dem Leben anpassen und nicht umgekehrt. Oftmals bleibt diese Forderung jedoch von Unternehmen unerfüllt. Der Arbeitszeitreport der Bundesanstalt für Arbeitsschutz und Arbeitsmedizin stellte heraus, dass die durchschnittliche, tatsächlich gearbeitete Wochenstundenanzahl bei 43,5 h liegt, was meist fast fünf Stunden mehr entspricht, als vertraglich vereinbart (Wöhrmann et al. 2016).

Doch nicht nur Arbeitszeit und -ort flexibilisieren sich, auch die Organisations- und Branchenstrukturen. Unternehmen sichern im zunehmenden Wettbewerbsdruck ihre Flexibilität beispielsweise durch Outsourcing, befristete Verträge und Leiharbeit. Die Zeit wird kurzzyklischer geplant und antizipiert (Aschauer 2017). Der Trend geht dabei auch in Richtung *Gig Economy,* bei der auf Online-Plattformen Auftraggeber und unternehmensunabhängige, flexible Arbeitskräfte projektbasiert zusammenfinden (Sinicki 2019).

2.4   Intrapreneurship bei der Arbeit

Die Individualisierung sowie die bisherigen Merkmale der aktuellen Arbeitswelt spiegeln sich auch in veränderten Berufsprofilen und -verantwortlichkeiten wider (Van der Markt 2012). In neuen Organisationsmodellen mit flacheren Hierarchien arbeiten Mitarbeiter verstärkt in Projekten und Teams zusammen. Das verändert auch das Führungsverhalten sowie den -bedarf. Die Führungskraft agiert verstärkt als Koordinator und Vermittler, der die notwendigen Ressourcen zum Arbeiten bereitstellt. Er unterstützt und befähigt und entwickelt sich somit zur Rolle eines Coaches (Eberhardt und Majkovic 2015). Moderne Führungsstile setzen auf die Führungskraft als Vorbild, welche Freiraum für Mitarbeiter schafft und mit Visionen motiviert. Klare Aufgabenzuordnung weicht somit dem Konzept des *Intrapreneurship,* was im Deutschen mit Binnenunternehmertum übersetzt werden kann (Schießl 2015). Es bedeutet, dass Mitarbeiter eigenverantwortlich innerhalb einer Organisation handeln und arbeiten sollen – so, wie es ein Unternehmer tun würde. In der Schlussfolgerung agieren die Mitarbeiter in einer relativen Unabhängigkeit, die durch Selbst- und Mitbestimmung geprägt ist. Sie gestalten die Arbeit, ihre Aufgaben und ihr Umfeld mit und fordern Partizipation in Entscheidungsprozessen (Rieser-Lembang 2016). Strategisches und analytisches Denken, Freude an komplexen Herausforderungen sowie kreatives Arbeiten sind Voraussetzung für die neue Arbeitshaltung. Mitarbeiter werden verstärkt selbst zu Entscheidungsträgern. Begünstigt wird dies zudem durch die Beschleunigung und Dynamisierung der Arbeitswelt, da Be- und Entschlüsse oft kurzfristig und zeitnah gefällt werden müssen. Dadurch stehen Mitarbeiter auch mehr in der Verantwortung und tragen die Risiken ihres Handelns. Dies erfordert daher neue Rahmenbedingungen in Unternehmen: Agile Arbeitsmethoden, ein förderndes, nicht forderndes Mindset der Führungskräfte sowie eine vertrauensvolle Unternehmenskultur.

Folgen für das Individuum im Arbeitskontext

3

Was bedeuten diese Veränderungen in der Arbeitswelt nun für das Individuum im Arbeitskontext? Die Merkmale heutiger Arbeit bringen eine Vielzahl von neuen Herausforderungen für Arbeitnehmer und Selbstständige mit, die es individuell zu bewältigen gilt. Dabei sind vor allem der Leistungsdruck und das Gefühl stetigen Stresses von Relevanz und neue Bewältigungsmechanismen werden herangezogen.

3.1 Auswirkungen der Merkmale der heutigen Arbeitswelt

Die *Digitalisierung* führt zu einer Beschleunigung an Veränderungen, Zuwachs an Informationsmengen, Zeitdruck und Leistungsverdichtung (Gündel 2014). Zudem wird als Folge des Effizienz-, Leistungs- und Wettbewerbsstrebens von Unternehmen die Quantität der Ergebnisse oft über die Qualität gestellt. Bisherige gesunde und faire Konkurrenz weicht einer Ellenbogen-Gesellschaft mit einem Klima des Wettbewerbs, des Egoismus und vereinzelt des Mobbings. Besser zu sein als andere, um im Konkurrenzkampf bestehen zu können, wird zur Prämisse. Ferner sorgt die ständige Datenflut für Reizüberflutung und Überforderung. Es ist schwieriger für das Individuum, sich zu konzentrieren, Kernaussagen komplexer Informationen zu erschließen sowie Entscheidungen zu treffen. Durch die Beschleunigung werden geforderte Reaktionszeiten kürzer und in der Folge wächst die Erwartung, dass mehr Aufgaben in weniger Zeit mit hohem Qualitätsanspruch bewältigt werden (Gündel 2014).

© Der/die Herausgeber bzw. der/die Autor(en), exklusiv lizenziert durch Springer Fachmedien Wiesbaden GmbH, ein Teil von Springer Nature 2020
S. Gesing, *Medikamente zur Selbstoptimierung*, essentials,
https://doi.org/10.1007/978-3-658-31218-3_3

Als Konsequenz des *Wissensmanagements* sind Mitarbeiter zunehmend auch für sich selbst im Rahmen von Weiterentwicklung und Karriereplanung verantwortlich. *Employability,* also die individuelle Beschäftigungsfähigkeit und Möglichkeit zur Partizipation am Arbeitsleben, muss aktiv vom Mitarbeiter gesteuert und aufrechterhalten werden (Ducki 2013). Dies stellt große Herausforderungen vor allem für ältere Mitarbeiter dar, die unter Druck geraten, stetig durch Weiterentwicklung mithalten zu müssen. Die erlebte Dynamisierung in allen Lebensbereichen fördert Stress und Überforderung bei individuellen Akteuren. Dies führt auch verstärkt zu Gesundheitsbeschwerden. Ursachen für psychische Erkrankungen wie Burnout, Resignation und Depressivität sind oft zurückzuführen auf chronischen Stress sowie gesellschaftlichen Druck und Schnelllebigkeit (Van der Markt 2012). Der Gesundheitsreport der BKK aus dem Jahr 2018 zeigt auf, dass trotz allgemein rückläufiger Fehltage in den letzten Jahren der relative Anteil psychischer Erkrankungen stetig wächst (Knieps und Pfaff 2018).

Work-Life-Balance weicht Work-Life-Blending. Die Kehrseite der *Flexibilisierung* lässt zwar Lebensbereiche leichter miteinander vereinen, lässt jedoch auch die Grenzen untereinander verschwimmen (Hellert 2014). Klare Arbeitszeiten und darauffolgende Erholungspausen gibt es in der ursprünglichen Form nicht mehr. Die Folge ist das Gefühl einer notwendigen, ständigen Erreichbarkeit. Sowohl im Berufs- als auch Privatleben sind stetige Verfügbarkeit und Leistung gefordert. Eine Umfrage im Auftrag des Digitalverbands Bitkom stellt heraus, dass über 70 % der Arbeitnehmer auch am Wochenende, an Feiertagen und im Urlaub für den Arbeitgeber erreichbar sind (Bitkom 2018). Dies setzt implizit auch hohe Erwartungen an die eigene Person. Verspürte Fremderwartungen wachsen und resultieren folglich in zu hohen Selbsterwartungen. Eine weitere Folge der Flexibilisierung im Unternehmen ist der verstärkte Einsatz befristeter Verträge. Dies schürt Unsicherheit und erschwert langfristige individuelle Planungen (Van der Markt 2012).

Mehr Selbstverantwortung und Gestaltungsmöglichkeiten im Beruf im Rahmen des *Intrapreneurships* bedeuten auch das zwangsläufige Treffen von mehr Entscheidungen und, in der Konsequenz daraus, das Tragen von mehr Verantwortung für das eigene Handeln. Jeder steht mehr in der Pflicht, sich reflektiert über Beruf, das eigene Leben und dessen Ausgestaltung Gedanken zu machen. Jeder wird im Sinne eines unternehmerischen Selbst zum Unternehmer des eigenen Lebens (Bröckling 2007). Die Zunahme von Freiheit und Multioptionen geht dabei mit Unsicherheit, Instabilität und Überforderung einher.

3.2   Stetiges Stressempfinden am Arbeitsplatz

Die aktuelle Arbeitswelt wird immer dynamischer, leistungsverdichtender und komplexer (Rieser-Lembang 2016). Dies führt in der Folge dazu, dass viele Arbeitnehmer sich zunehmend in einem ständigen Stress- und Spannungszustand befinden. Analog des transaktionalen Stressmodells von Lazarus beschreibt Stress dabei eine unangenehme Empfindung, welche aus der Interaktion zwischen Reizen der Umwelt und den Kognitionen des Individuums entsteht (Lazarus und Folkman 1984). Den Auslöser stellt somit immer ein Reiz der Umwelt dar. Dieser kann sich dabei auf unterschiedliche Kontexte beziehen und reicht von kritischen Lebensereignissen wie Erkrankungen bis hin zu arbeitsbezogenen Phänomenen, wie Zeitdruck, Monotonie und Rollenkonflikten. Sofern dieser Reiz als herausfordernd, bedrohlich oder verlustreich im Sinne von *gefährlich* eingestuft wird, schließt sich die Analyse der individuell und situativ zur Verfügung stehenden Ressourcen zur Stressbewältigung an. Dazu kann beispielsweise die soziale Unterstützung oder die persönliche Resilienzfähigkeit zählen. Bei mangelnden Bewältigungsmöglichkeiten entsteht letztendlich Stress im alltäglichen Sinne, welcher auch als Distress bezeichnet wird. Löst ein Reiz Stress aus, ist das Individuum bestrebt, die unangenehme Situation schnellstmöglich zu lösen. Grundsätzlich lassen sich zwei Reaktionsmuster identifizieren. Dabei kann zwischen problem- und emotionsorientierten Bewältigungs- oder auch Copingstrategien unterschieden werden (Lazarus und Folkman 1984). Ersteres versucht direkt Einfluss auf die Situation zu nehmen und das stressauslösende Problem zu eliminieren. Wird hingegen eine emotionsorientierte Strategie gewählt, wird lediglich der Bezug zum Stressfaktor geändert und bewusst kognitiv gegengearbeitet. Diese Bewältigungsstrategien werden eher als destruktiv angesehen, da die Ursache des Stresses bestehen bleibt (Moesgen und Klein 2018). Welche der beiden Copingstrategien gewählt wird, ist dabei von der Situation, der persönlichen Einstellung sowie bisherigen Erfahrungen abhängig.

3.3   Psychoaktive Substanzen zur Stressbewältigung

Sehr populär ist die Einnahme psychoaktiver Substanzen zur Stressbewältigung. Psychoaktive Substanzen bewirken eine Veränderung der Psyche und des Bewusstseins beim Menschen. Sie greifen in das natürliche Gleichgewicht von Botenstoffen wie Adrenalin, Dopamin, Serotonin im Gehirn ein (Sauter und

Gerlinger 2012). Durch den Überschuss oder das Fehlen von diesen Stoffen im Gegensatz zum üblichen Gleichgewicht verändern sich für eine gewisse Zeit in der Folge die Wahrnehmungen, das Denken und die Emotionen. Je nach Art des Botenstoffes wirken die Substanzen eher aktivierend oder beruhigend und nehmen Einfluss auf die kognitive Leistung oder das psychische Wohlbefinden.

Grundsätzlich lassen sich drei Gruppen psychoaktiver Substanzen unterscheiden, welche in Abb. 3.1 dargestellt sind (Förstl 2009).

Zu der ersten Kategorie gehören die sogenannten „schwachen" Optimierer (Robert Koch Institut 2011). Dies sind vor allem frei verkäufliche Präparate, die im Supermarkt, in Reformhäusern oder Apotheken rezeptfrei erhältlich sind. Dazu zählen beispielsweise Tee, Traubenzucker, Koffeintabletten, Taurin als Wirkstoff in Energy Drinks, Alkohol sowie Baldrian und Ginkgo biloba-Extrakte. Der Kauf dieser Präparate ist legal und nicht sanktioniert.

Die zweite Kategorie umfasst verschreibungspflichtige Medikamente, sogenannte Psychopharmaka (Franke und Lieb 2010). Diese Medikamentenklasse ist in ihrer Anwendung überwiegend für Personen mit psychischen Störungen entwickelt worden. Es gibt beispielsweise Stimulanzien, welche bei Aufmerksamkeitsdefizit-/Hyperaktivitätsstörungen (ADHS) gegeben werden oder Benzodiazepine, die im Rahmen von Angststörungen eingesetzt werden. Ferner werden Antidementiva bei Alzheimer oder Demenz und Antidepressiva bei Depressionen verschrieben (Moesgen und Klein 2018). Entscheidend für

Abb. 3.1 Darstellung unterschiedlicher Substanzarten. (Quelle: Eigene Darstellung in Anlehnung an Förstl 2009, S. 840 ff.)

einen möglicherweise illegalen Erwerb ist, ob die Medikamente zu Therapiezwecken eingenommen werden oder missbräuchlich von gesunden Menschen zur Leistungs- oder Wohlbefindenssteigerung konsumiert werden. Im letzten Fall spricht man auch vom sogenannten Off-Label-Gebrauch oder Neuro-Enhancement (Schelle et al. 2014).

Microdosing beschreibt die dritte Art von Substanzen. In diesem Fall werden Kleinstmengen illegaler Drogen konsumiert (Albayrak 2019). Konsumenten versprechen sich aufgrund der geringen Dosierung, welche ein Zehntel der meist üblichen Menge umfasst, die positiven Wirkungen der Droge beizubehalten und gleichzeitig keinerlei begleitende Nebenwirkungen zu erzielen. Zu den eingenommenen Substanzen zählen beispielsweise LSD, Kokain und Amphetamine, welche illegal erworben werden müssen (Moesgen und Klein 2018). Die Überlegung des Microdosing kommt aus der Pharmaforschung. Bei sogenannten Phase-0-Studien wird die Wirksamkeit neuer Arzneimittel getestet, indem geringste Dosierungen des Wirkstoffes von freiwilligen Probanden eingenommen werden. Die Menge liegt dabei unterhalb der Schwelle einer pharmakologischen Wirkung (Noveck und Burt 2013).

Freiverkäufliche Präparate wie Kaffee, Tee und Energy-Drinks werden bereits seit jeher als psychoaktive Substanzen zur Bewältigung von Stress und den daraus resultierenden Folgen genutzt. Seit einigen Jahren nehmen Arbeitnehmer jedoch auch weitere, wesentlich stärkere psychoaktive Substanzen zu sich. In diesem Kontext spielt die Einnahme verschreibungspflichtiger Medikamente im Sinne des Neuro-Enhancements eine entscheidende Rolle. Die wahrgenommenen Belastungen wie Konkurrenzdruck, hohe Erwartungshaltungen, Zeitdruck, immerwährende Veränderungsnotwendigkeit sowie parallel fehlende Erholungszeiten scheinen beispielsweise nur mit Kaffee oder Tee nicht mehr bewältigbar zu sein. Mit Medikamenten als Hilfsmittel soll die Konzentration gesteigert, länger gearbeitet und Stress erfolgreich begegnet werden können.

Neuro-Enhancement als Symptom der heutigen Arbeitswelt

4

Neuro-Enhancement lässt sich somit als Antwort auf die heutige Arbeitswelt und ihre Auswirkungen für die Individuen verstehen. Die Einnahme von Medikamenten am Arbeitsplatz wird in den nächsten Kapiteln vertieft dargestellt. Die Erkenntnisse speisen sich dabei aus Studien und Interviews, welche mit Experten auf dem Gebiet durchgeführt wurden.

4.1 Begriffsherleitung und Definition

Neuro-Enhancement setzt sich aus den Wörtern *Neuro,* als Präfix für Themen bezogen auf die Nerven, und *Enhancement,* auf Deutsch Steigerung oder Erweiterung, zusammen. In Anlehnung an die Wortherkunft bedeutet der Begriff *Verbesserung der Nerven* und spielt dabei auf die psychische Wirkung im Nervensystem an (Suhr 2016). Neben dieser wissenschaftlich genutzten Terminologie gibt es im Sprachgebrauch weitere Begrifflichkeiten, die oft synonym verwendet werden. Beispielhaft seien hier *Smart Drugs* (Intelligente Drogen) und *Happy Pills* (Glückspillen) genannt (Biedermann 2010).

Neuro-Enhancement wird im Kern als die Einnahme psychoaktiver Substanzen in Form von verschreibungspflichtigen Medikamenten bei **gesunden** Menschen im **Arbeitskontext** mit dem **Ziel der Leistungs- und/oder Wohlbefindenssteigerung** definiert (Franke et al. 2011). Der Fokus liegt dabei auf dem Konsum **ohne medizinische Indikation** mit einer **gezielten Absicht.** Rekreativer Freizeitgebrauch zählt explizit nicht dazu. Die Motive umfassen dabei im Rahmen der Stressbewältigung zum einen die Einnahme, um leistungsbedingt mithalten zu können und zum anderen, um bei Überforderung die Arbeit aushalten zu können (Eckhardt et al. 2011). Eine große Debatte hinsichtlich der

© Der/die Herausgeber bzw. der/die Autor(en), exklusiv lizenziert durch Springer Fachmedien Wiesbaden GmbH, ein Teil von Springer Nature 2020
S. Gesing, *Medikamente zur Selbstoptimierung,* essentials,
https://doi.org/10.1007/978-3-658-31218-3_4

Definition beschäftigt sich damit, ob frei verkäufliche Präparate ebenfalls zum definitorischen Verständnis von Neuro-Enhancement dazu zählen oder nicht. Darauf gibt es noch keine eindeutige Antwort. Die meisten Studien und Expertenmeinungen beschränken Neuro-Enhancement jedoch lediglich auf die Einnahme von verschreibungspflichtigen Medikamenten. Dieses Verständnis liegt auch diesem essential zugrunde.

4.2   Bekanntheit, Verbreitung und Bereitschaft zur Einnahme

Erst seit circa 20 Jahren ist Neuro-Enhancement ein Thema in der Forschung und ist somit in der Forschungsgeschichte noch als recht jung einzustufen. Die ersten Forschungserkenntnisse zum Thema Neuro-Enhancement gab es in den Vereinigten Staaten zu Beginn der Jahrhundertwende mit Studierenden als untersuchter Stichprobe (McCabe et al. 2005). Erste Studien zur Verbreitung in Deutschland gibt es seit 2009.

Bekanntheit von Neuro-Enhancement
Wann genau Neuro-Enhancement in der deutschen Arbeitswelt seinen Anfang fand, ist unklar. Grundsätzlich kann es als Phänomen der Human-Enhancement-Debatte zugeordnet werden. Human Enhancement, also menschliche Verbesserung, umfasst alle externen Eingriffsmöglichkeiten an einem gesunden Individuum zur Steigerung der physischen und geistigen Leistungsfähigkeit (Ach et al. 2018). Dieses Bestreben des Menschen, sich stetig zu optimieren und zu verbessern, ist dabei im Kern ein altes Phänomen, welches auch an die Individualisierung der Gesellschaft gekoppelt ist. Die zur Verfügung stehenden Methoden und Wege sowie die Beweggründe und das Gefühl, sich *verbessern zu müssen,* sind jedoch neu.

Die Bekanntheit von Neuro-Enhancement hat in den letzten 15 Jahren deutlich zugenommen. Im Jahr 2015 waren knapp 70 % der repräsentativ befragten Erwerbstätigen mit dem Begriff Neuro-Enhancement vertraut. Der DAK-Gesundheitsreport stellte dabei fest, dass innerhalb von sechs Jahren (2009 bis 2015) das Wissen über psychoaktive Substanzen zur Leistungs- und Wohlbefindenssteigerung um fast 25 % anstieg (IGES Institut 2015). Diese Zunahme ist laut der Studie darauf zurückzuführen, dass seit 2009 das Thema verstärkt in den Medien sowie in der Forschung in Deutschland präsent war. Es ist zudem davon auszugehen, dass seit den letzten Studien hinsichtlich Bekanntheit im Jahr 2015 sich der Prozentsatz in der Bevölkerung noch weiter erhöht hat.

Verbreitung in der Gesellschaft

Entgegen der Bekanntheit und der starken Präsenz des Themas in den Medien werden die reale Verbreitung und der Gebrauch in der Arbeitswelt jedoch als verhältnismäßig gering eingestuft. Experten zufolge handelt es sich im Rahmen der Verbreitung eher um ein Randthema, welches jedoch stark seitens der Medien angetrieben wird. Die Kolibri-Studie des Robert Koch-Instituts gibt an, dass 5,6 % der als repräsentativ geltenden Stichprobe in den letzten 12 Monaten Medikamente missbräuchlich verwendeten (Robert Koch-Institut 2011). Eine weitere Studie hingegen kommt auf einen geringeren Wert von 3,2 % an Personen, die gezielt im Arbeitskontext Medikamente zu sich nahmen (IGES Institut 2015). Es bleibt anzumerken, dass in den Studien oftmals auch einmaliger Probierkonsum miterfasst wurde. Dadurch ist es nicht eindeutig festzuhalten, wie viele aktive im Sinne von regelmäßigen Konsumenten von Neuro-Enhancern es in Deutschland gibt. Unabhängig davon nehmen Forscher jedoch an, dass die Dunkelziffer der Erwerbstätigen, die gezielt verschreibungspflichtige Medikamente einnehmen, deutlich höher ist (Dietz et al. 2013). Dies liegt daran, dass ein ethisch fragwürdiger Substanzkonsum schwer empirisch analysierbar und nachweisbar ist, da sozial erwünschte Antworten oftmals die Ergebnisse verfälschen. Nimmt man alle Studien zur Verbreitung in Deutschland zusammen, variieren die Werte zwischen 0,3 und 35,3 % für die Gesamtbevölkerung (Smith und Farah 2011). Dies macht deutlich, dass es zum aktuellen Zeitpunkt nicht möglich ist, ein ganzheitliches und realitätsgetreues Bild zur Verbreitung von Neuro-Enhancement zu generieren.

Im internationalen Vergleich fallen die Verbreitungswerte in Deutschland geringer aus als in anderen Ländern (USA = 20 %) (Wagner 2017). Experten äußern, dass die gesellschaftlichen Parameter entscheidend für die Verbreitung sind (Vergleich USA – Deutschland). Ein Erklärungsansatz dafür wäre, dass die Entscheidung für den Konsum psychoaktiver Substanzen im Arbeitskontext stark von der persönlichen Haltung und den eigenen Wertvorstellungen geprägt ist. Wenn in einem Land die generelle Einnahme von Medikamenten eher die Norm als die Ausnahme darstellt, beeinflusst dies auch die individuelle Haltung gegenüber Psychopharmaka.

Auch, wenn einige Angaben zur Verbreitung kritisch zu interpretieren sind, sind sich Forscher verschiedener Studien einig, dass es sich bei Neuro-Enhancement im Arbeitskontext um ein reales, jedoch nicht um ein Massenphänomen handelt (Eckhardt et al. 2011). Zudem nimmt nur ein kleiner Teil die Substanzen dauerhaft ein. Vielmehr ist das Konsumverhalten auf die Einnahme in bestimmten Lebensphasen und Extremsituationen beschränkt (Franke et al. 2011). Daher wird auch teilweise von einer Neuro-Enhancement-Blase gesprochen.

Bereitschaft zur Einnahme

Die tatsächliche Einnahme ist dabei von der grundsätzlichen Bereitschaft zur Einnahme zu unterscheiden, welche höher ausfällt. Mehrere Studien gehen von einer generellen Aufgeschlossenheit und Bereitschaft zur Einnahme von 10 % der Befragten aus (IGES Institut 2015). Die Befragung der Bundesanstalt für Arbeitsschutz und Arbeitsmedizin kam sogar auf einen Wert von 16,3 %, also ein Sechstel der befragten Arbeitnehmer (Schröder et al. 2015). Obwohl Neuro-Enhancement kein flächendeckendes Problem ist, besteht dennoch eine verhältnismäßig hohe Neugierde und Probierbereitschaft. Eine Studie fand sogar heraus, dass die Bereitschaft zur Einnahme auf 30 % ansteigt, sofern eine universelle Pille ohne nachgewiesene Nebenwirkungen verfügbar wäre (Biedermann 2010). Die Akzeptanz könnte zudem weiter steigen, wenn die Substanzen legalisiert würden.

4.3 Risikogruppen

Studienergebnisse zeigen, dass es bestimmte Risikogruppen gibt, bei denen die Wahrscheinlichkeit für die Einnahme verschreibungspflichtiger Medikamente am Arbeitsplatz höher liegt als bei anderen. So steigern bestimmte Einflussfaktoren die Bereitschaft und Tendenz zum Konsum. Es wird jedoch deutlich, dass es sich bei Neuro-Enhancement um ein Phänomen über alle gesellschaftlichen und beruflichen Schichten hinweg handelt. Die zentralen Risikogruppen werden im Folgenden kurz dargestellt.

Berufsgruppen mit chronischem Stress am Arbeitsplatz

Nicht nur das bloße Vorhandensein von Stress ist entscheidend für die Einnahme, sondern vor allem das Gefühl von chronischem, also lang anhaltendem Stress (Maier et al. 2015). Dieser Zustand entsteht bei Arbeitnehmern sowohl durch Überforderung als auch durch Monotonie am Arbeitsplatz.

Eine Berufsgruppe, die besonders häufig in einem chronischen Stresskontext arbeitet, sind Mediziner (Eckhardt et al. 2011). Sie haben ein hohes Arbeitspensum in Verbindung mit Schichtarbeit, geringer Fehlertoleranz und sehr kurzen Regenerations- und Erholungszeiten. Zudem haben sie einen leichteren Zugang zu den Präparaten. Auch Schichtarbeiter weisen eine 2,3 fach höhere Wahrscheinlichkeit zum Konsum auf (Schröder et al. 2015). Ebenso werden Manager, Journalisten sowie Banker und Börsenmakler zu den Risikogruppen gezählt, da sie unter „anhaltendem Leistungsdruck mit hohem Stressfaktor" (IGES Institut 2009, S. 46) arbeiten. Auch häufiger Kundenkontakt und dauerhafte Reisetätigkeiten erhöhen die Wahrscheinlichkeit zum Konsum. Doch nicht nur Akademiker, sondern auch einfache berufliche Tätigkeiten bedingen den Konsum. Ein großer Anteil an Konsumenten sind demnach an- und ungelernte Arbeitnehmer (IGES Institut 2015). Berufsfelder, die eher Kreativität an Stelle von quantitativen Ergebnissen fordern und fördern, sind weniger betroffen.

Studierende und junge Arbeitnehmer
Als größte Risikogruppe gelten Studierende (Franke et al. 2011). Sie stellen auch die am stärksten empirisch untersuchte Konsumentengruppe dar. Die Verbreitung von Neuro-Enhancement beträgt bei Studierenden 10 % bis sogar 20 % (Dietz et al. 2013). Auch Schüler sollen bereits psychoaktive Substanzen einnehmen (McCabe et al. 2005). Neben Ritalin zu Lernzwecken sind vor allem illegale Drogen in der Einnahme von Relevanz (Eckhardt et al. 2011). Dabei lässt sich herausstellen, dass der Einfluss des Umfeldes auch entscheidend ist. Substanzkonsum bei jungen Arbeitnehmern ist vor allem auf positive Erfahrungen von Freunden zurückzuführen. Studien machen deutlich, dass der Konsum von Neuro-Enhancement bereits im jungen Alter beginnt und dann im Berufsleben weitergeführt wird.

Personen mit Affinität zum Substanzkonsum
Auch die persönliche Einstellung zu Drogen ist relevant ist für die Einnahme (Wolff und Brand 2013). Sind Personen von der Wirkung überzeugt, sind sie eher bereit, weitere Substanzen einzunehmen. Zudem konnte belegt werden, dass Personen, die bereits Erfahrungen mit dem Konsum von psychoaktiven Substanzen in der Freizeit gemacht haben, auch eher zu der Einnahme im Arbeitskontext tendieren (Franke et al. 2011).

4.4   Konsumierte Substanzen und deren Beschaffung

Neuro-Enhancer lassen sich in Medikamente mit einer dämpfenden Wirkung, sogenannte Sedativa, und Stimulanzien mit einer aktivierenden Wirkung unterteilen (siehe Abb. 4.1). Eine Studie ermittelte, dass von allen konsumierten, psychoaktiven Substanzen am Arbeitsplatz 51 % zu der Kategorie der sedierenden Wirkstoffe zählen und 44 % zu denen der aktivierenden Wirkstoffe (IGES Institut

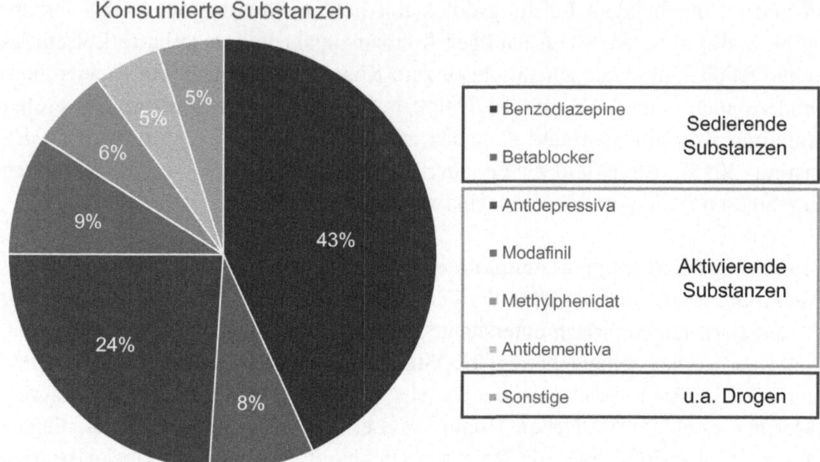

Abb. 4.1 Überblick über konsumierte Substanzen. (Wuelle: Eigene Darstellung in Anlehnung an IGES Institut 2015, S. 82)

2015). Die wichtigsten und am meisten verwendeten Wirkstoffe im Rahmen von Neuro-Enhancement werden im Folgenden kurz vorgestellt. Unter die Rubrik „Sonstige" fällt vor allem das Microdosing, bei dem Kleinstmengen illegaler Drogen zur Leistungssteigerung herangezogen werden (vgl. Abschn. 3.3).

4.4.1 Sedierende Substanzen

Zu den am häufigsten eingenommenen sedierenden Wirkstoffen zählen die nachfolgend aufgeführten, welche aufgrund ihrer beruhigenden Wirkung auch zu der Kategorie der *Downer* gezählt werden (Moesgen et al. 2013).

Benzodiazepine werden zur Behandlung von Angst- und Unruhezuständen sowie als Notfallmedikation bei epileptischen Anfällen eingesetzt (Suhr 2016). Sie wirken angstlösend, beruhigend sowie muskelentspannend und schlaffördernd. Daher werden sie auch oft als *Downer* oder *Tranquilizer* bezeichnet. Das bekannteste Medikament ist Diazepam, ursprünglich als Valium vermarktet, welches zu den verschreibungsfähigen Betäubungsmitteln zählt und daher ausschließlich therapeutisch verwendet werden soll.

Betablocker stellen eine Sonderform im Rahmen von Neuro-Enhancement dar. Sie wirken nicht auf das Gehirn im Sinne einer psychoaktiven Substanz, sondern hemmen die Wirkung von Stresshormonen im Körper. In der Folge der Einnahme wird die Ruheherzfrequenz gesenkt. Daher werden Betablocker vornehmlich gegen Bluthochdruck verschrieben (Sauter und Gerlinger 2012). Der wichtigste, verschriebene Wirkstoff ist Metoprolol.

4.4.2   Aktivierende Substanzen

Nachfolgend werden die am häufigsten eingenommenen aktivierenden Wirkstoffe dargestellt, welche im Gegensatz zu den Downern als *Upper* bezeichnet werden (Eckhardt et al. 2011; Schröder et al. 2015).

Modafinil wird vornehmlich zur Behandlung von Narkolepsie, einer Schlafsucht, eingesetzt (IGES Institut 2015). Die genaue Wirkungsweise ist nicht vollständig geklärt. Modafinil wird seit 2008 rechtlich nicht mehr als Betäubungsmittel eingestuft, untersteht jedoch weiterhin der generellen Verschreibungspflicht. Das bekannteste Medikament ist Vigil. Das amerikanische Technologieunternehmen *TechCrunch* nannte Modafinil im Jahr 2008 sogar als *Pille der Wahl für Unternehmer* (Meckel et al. 2018).

Methylphenidat ist hauptsächlich in Arzneimitteln zur Behandlung von Aufmerksamkeitsdefizit- und Hyperaktivitätsstörungen, kurz ADHS, zu finden (Repantis et al. 2010). Entdeckt wurde der Stoff von Leandro Panizzon, der Selbstversuche mit seiner Frau Marguerite, genannt Rita, durchführte. Auf den Kurznamen Rita geht auch der bekannte Handelsname Ritalin zurück. Bei ADHS-Erkrankten führt das Medikament zu gesteigerter Wachheit und kurzfristig erhöhter Aufmerksamkeit (Dubljević 2019). Darüber hinaus werden Schmerz- und Erschöpfungsgefühle unterdrückt. In Deutschland ist der Wirkstoff seit 1971 dem Betäubungsmittelgesetz unterstellt und darf daher nur auf Verschreibung vom Arzt konsumiert werden (Dubljević 2019).

Antidepressiva dienen der Behandlung von psychischen und depressiven Störungen (IGES Institut 2015). Die am häufigsten eingesetzten Antidepressiva sind sogenannte Selektive Serotonin-Wiederaufnahmehemmer (SSRI), zu denen die Arzneistoffe Fluoxetin und Citalopram gehören (Suhr 2016). Sie erhöhen die Konzentration von Serotonin im Gehirn, welches als Glückshormon das psychische Wohlbefinden steigert (Sauter und Gerlinger 2012).

Antidementiva umfassen Arzneistoffe wie Piracetam und Memantin, die zur Behandlung von Demenz eingesetzt werden (Moesgen et al. 2013). Die Wirkung ist bisher nicht oder nur geringfügig empirisch nachgewiesen und umstritten. Zudem wird argumentiert, dass diese Medikamentenklasse in der Berufswelt nur bedingt Einsatz findet.

4.4.3 Beschaffung

Die Mehrheit der Konsumenten bezieht die Arzneimittel über ein vom Arzt ausgestelltes Rezept (IGES Institut 2015). Ebenso werden Medikamente über Freunde, Bekannte und Familie erworben, die meistens aus medizinischer Notwendigkeit Rezepte erhalten und diese dann weitergeben (Lieb 2010). Beides entspricht einer rechtlich fragwürdigen Grauzone, da die Präparate ohne medizinische Indikation eingenommen werden. Das Verschreibungsverhalten von Ärzten wird vor diesem Hintergrund zunehmend kritisch betrachtet. Es liegt der Verdacht nah, dass Ärzte keine intensive, genaue Untersuchung zur Feststellung einer Diagnose praktizieren. Die Analyse von Rezepten für potenzielle Neuro-Enhancer ergab, dass eine medizinisch nachvollziehbare Diagnose bei einem Viertel der Verschreibungen fehlte (IGES Institut 2009). Der Gesundheitsreport der DAK gibt sogar an, dass bei 97 % der Antidementiva-Verschreibungen keine oder eine für den Wirkstoff nicht zugelassene Diagnose gegeben war (IGES Institut 2015). In einer Befragung mit Hausärzten gaben ferner 40 % der Hausärzte an, innerhalb eines Jahres um Verschreibungen explizit zum Neuro-Enhancement gebeten worden zu sein (Franke et al. 2014). Bei sogenannten Gefälligkeitsrezepten macht der Arzt sich jedoch strafbar. In den USA hat sich bereits der Begriff *Doctor Shopping* etabliert, der besagt, dass Konsumenten nur die jeweiligen Ärzte finden müssen, die das gewünschte Medikament ohne Diagnose verschreiben (Dalzell 2009).

Eine weitere Beschaffungsquelle stellt das Internet dar. Über das Darknet sowie ausländische Online-Apotheken können verschreibungspflichtige Medikamente auch ohne ärztliches Dokument erworben werden (IGES Institut 2015). Experten warnen bei dieser illegalen Bezugsart vor möglichen und gefährlichen Medikamentenfälschungen.

Die Bezugswege geben auch den rechtlichen Rahmen für Neuro-Enhancement im Arbeitskontext. Der Umgang mit Betäubungsmitteln ist zwar verboten und strafbar, jedoch gibt es keine gesetzlichen Vorschriften für ein Verbot im Unternehmenskontext. Substanzkonsum stellt somit beispielsweise keinen

Kündigungsgrund dar. Lediglich Fehlleistungen im Rahmen der Verletzung der vertraglichen Pflichten am Arbeitsplatz, die durch den Konsum bedingt sein könnten, können abgemahnt werden (Achilles 2013).

4.5 Wirksamkeit

Die erhoffte Wirkung der aktivierenden Substanzen ist die Steigerung der Konzentration, Wachheit sowie des Selbstvertrauens und des psychischen Wohlbefindens (Moesgen und Klein 2018). Auf der anderen Seite steht bei den sedierenden Substanzen der Wunsch nach Reduktion von Nervosität, Angst, Unruhe und Stress.

Die Wirksamkeit von Neuro-Enhancement ist bisher nur gering erforscht. Nach bisherigen Erkenntnissen konnte festgestellt werden, dass Modafinil und Methylphenidat einen positiven Effekt auf die Aufmerksamkeit bei Gesunden hat (Repantis 2009). Zudem verringern Antidepressiva negative Emotionen, führen jedoch nicht direkt zu positiven Gefühlen (Eckhardt et al. 2011).

Weitere positive und vor allem langfristige Wirkungen bei Gesunden konnten empirisch nicht bewiesen werden. Im Gegenteil kommt ein Großteil der durchgeführten Studien zu dem Entschluss, dass die Wirksamkeit psychoaktiver Substanzen bei Gesunden überschätzt wird. Forscher äußern, dass Substanzen wie Modafinil und Methylphenidat zwar das fokussierte Arbeiten für eine gewisse Zeit erleichtern, aber nicht die Gedächtnis- und Planungsfunktionen verändern und daher nicht als „echte" Neuro-Enhancer im Sinne einer Steigerung der Leistungsfähigkeit zu verstehen sind (Eckhardt et al. 2011; Wagner 2017). Sie verlängern die Leistungsphase, verbessern sie jedoch nicht. Der Einfluss der Substanzen auf die Steigerung der Aufmerksamkeit ist jedoch nur bei übermüdeten Personen nachzuweisen. Die Einnahme von Modafinil und Methylphenidat zeigt beispielsweise keinen Effekt bei Personen, die ausgeschlafen sind. Somit haben psychoaktive Substanzen nicht auf alle den gleichen oder überhaupt einen Effekt.

Unabhängig von der objektiv nachweisbaren Wirkung ist auffällig, dass der Konsum aus Sicht der Konsumenten dennoch positiv bewertet wird (IGES Institut 2009; Repantis 2009). Dies lässt sich laut Forschern durch unterschiedliche Faktoren erklären. Die Erwartungen an die Substanzen sind hoch, was dazu führt, dass im Sinne eines Placebo-Effektes die eigenen Ressourcen indirekt verstärkt und besser genutzt werden (Eckhardt et al. 2011).

Insgesamt lässt die aktuell verfügbare Datenlage eine abschließende Bewertung der Wirksamkeit noch nicht zu (Repantis 2009). Nach aktuellem

Stand entsprechen die angestrebten Wirkungen nicht dem realen Effekt. Es handelt sich bei Neuro-Enhancement vielmehr um eine vermeintliche Steigerung der Leistungsfähigkeit, die keinen langfristigen Erfolg verspricht.

4.6   Risiken der Einnahme für den Konsumenten

Wenn die Wirkung mit den Risiken ins Verhältnis gesetzt wird, ergibt sich ein besonders kritisches Bild von Neuro-Enhancement. Parallel zu einem bisher ungeklärten Nutzenprofil birgt die Verwendung von Arzneimitteln bei Gesunden nämlich vor allem erhebliche Nebenwirkungen und Risiken. Diese fallen dabei stärker aus als bei Erkrankten (Lieb 2010). Bisher gibt es nur wenige Studien zu den kurzfristigen Risiken der Einnahme, Langzeitfolgen für die Einnahme bei Gesunden sind empirisch noch nicht erforscht. Die Erkenntnisse stellen jedoch nur Annahmen zum Risikoprofil dar, da die Arzneistoffe bei jeder Person anders wirken.

Nachgewiesene Nebenwirkungen umfassen beispielsweise Schlafstörungen, Kopfschmerzen, Schwindel, Nervosität sowie Stimmungsschwankungen. Aber auch lebensbedrohlichere Auswirkungen wie Herzrhythmusstörungen und ein erhöhtes Schlaganfallrisiko wurden bereits bei Konsumenten festgestellt (Moesgen und Klein 2018; Van der Markt 2012). Besonders gefährlich ist eine regelmäßige Einnahme in hohen Mengen.

Ferner besteht die Gefahr einer physischen und psychischen Abhängigkeit je nach eingenommener Substanz. Es werden im Laufe der Zeit immer höhere Dosen benötigt, um die gleiche subjektive Wirkung zu erzielen (Eckhardt et al. 2011). In der Folge kommt es zu problematischen Konsummustern, bei der keine Kontrolle mehr über die Einnahme möglich ist. Oft geht dies mit der Bereitschaft einher, mehrere verschiedene psychoaktive Substanzen zu konsumieren. Dieser multiple Substanzkonsum kann dabei gefährliche Wechselwirkungen mit sich bringen. Vor allem die psychische Abhängigkeit stellt ein langfristiges Problem dar, da auf diese Weise dysfunktionale und destruktive Bewältigungs-Strategien aufrechterhalten werden, was schließlich zu einer anhaltenden Erschöpfung führen kann (Moesgen und Klein 2018).

Ungeachtet der individuellen Risiken stellen die Konsumenten auch eine Gefahr für den Erfolg des Arbeitgebers dar. Es gibt noch keine Angaben zu den durch Neuro-Enhancement entstehenden Kosten für Unternehmen. Diese sollten im Rahmen von möglichem Arbeitsausfall und Produktivitätsabfall jedoch nicht unbeachtet bleiben.

Ethische Bewertungsdiskussion 5

Neuro-Enhancement wirft viele ethische Fragen auf, mit denen sich in der Forschung vielschichtig beschäftigt wurde. Im Jahr 2009 erregten sieben Experten aus Philosophie, Medizin und Recht Aufsehen mit einem in der Zeitschrift *Gehirn und Geist* publizierten Memorandum (Galert et al. 2009).

Sie forderten einen offenen und liberalen Umgang und Diskurs mit Neuro-Enhancement, da es ihrer Ansicht nach keine überzeugenden, grundsätzlichen Argumente gegen die Optimierung des Gehirns und der Psyche gäbe. Sie befürworteten das Streben des Menschen nach Perfektion und sahen in der Einnahme psychoaktiver Substanzen die Fortsetzung einer anthropologischen Entwicklung. Ethische Bedenken wie die Verschärfung möglicher sozialer Ungleichheiten und die Entstehung eines Zugzwangs zur Einnahme hielten sie für unkritisch. Vielmehr würde es der Gesellschaft nützen, wenn beispielsweise Ärzte und Piloten ihre Wachheit steuern könnten. Die vorgeschlagene Lösung war eine Liberalisierung der Präparate und gegebenenfalls nachgesteuerte Anpassungen der Rahmenbedingungen seitens der Politik. An oberster Stelle stünde das Recht auf die Freiheit des Menschen als Grundprinzip des deutschen liberalen Rechtsstaates, der es jedem Individuum freistelle, über Körper und Psyche selbst zu bestimmen. Die Einschätzung und Abwägung des Risiko-Nutzen-Profils der einzelnen Substanzen läge beim Konsumenten. Dabei sollte jedoch nicht sorglos mit den Präparaten umgegangen werden. Die Verfasser des Memorandums forderten darüber hinaus weitere Forschungsstudien zur verbesserten Aufklärung über Wirksamkeit und Nebenwirkungen sowie eine öffentliche Debatte zu diesem Thema. Abschließend machten die Experten auf einen gesellschaftlichen Kontext aufmerksam, der die Einnahme dieser Substanzen letztlich begünstigte. Sie kritisierten das derzeitige Gesellschaftsmodell, in dem Leistung gefordert, erwartet und belohnt werde. Das Problem sahen sie somit nicht

S. Gesing, *Medikamente zur Selbstoptimierung*, essentials, https://doi.org/10.1007/978-3-658-31218-3_5

im Neuro-Enhancement, sondern in der Gesellschaft. Ein ähnlich liberales Memorandum aus den USA (Greely et al. 2008) führte zudem an, dass die Einnahme von Substanzen ohne medizinische Indikation nicht mehr aufhaltbar sei und daher sich nur die Frage stelle, wie mit der Verteilung und möglicher Legalisierung umgegangen werden solle.

Infolge dieser Abhandlungen etablierten sich zwei Lager: die Bioliberalen, welche die Grundüberlegungen der Experten im Memorandum teilen, und die Biokonservativen, welche ein Verbot der Substanzen fordern (Ach et al. 2018).

Die Biokonservativen streben eine Regulierung im Sinne eines Verbotes, Besteuerung oder stärkerer Überwachung von Ärzten seitens der Politik an, um die Verbreitung zu stoppen (Racine 2010). Sie führen als zentrale Argumente an, dass sich Konsumenten durch die gesteigerte Leistungsfähigkeit einen unlauteren Vorteil gegenüber anderen verschaffen. Dies hätte mittelfristig zur Folge, dass immer mehr Arbeitnehmer sich gezwungen fühlten, Neuro-Enhancement zu nutzen, um mithalten zu können (Maher 2008). Darüber hinaus wird der Aspekt der Chancengleichheit kritisch betrachtet. Im Rahmen einer liberalen Freigabe würde dies die Gesellschaft in zwei Klassen spalten, bei der sich wohlhabende Personen den Zugang zu psychoaktiven Substanzen erlauben könnten (Glannon 2008). Ferner wird die Künstlichkeit und Unnatürlichkeit der Substanzen zur Optimierung des Menschen als Argument zur Ablehnung herangezogen (Biedermann 2010).

Bei Neuro-Enhancement handelt es sich um ein emotionales und polarisierendes Thema. Es bleibt daher festzuhalten, dass die strikte Kategorisierung in bioliberal und biokonservativ in der Praxis nicht immer Bestand hat. Interviews mit Experten machen deutlich, dass die Argumente je nach zu betrachtendem Aspekt mal befürwortend, mal ablehnend sind. Das entscheidende Kriterium scheint die Freiwilligkeit der Einnahme zu sein. Solange niemand zur Einnahme gezwungen wird, gilt es als ethisch vertretbar, wenn auch medizinisch nicht ratsam. Dies wirft jedoch die Frage auf, ob die Einnahme als Reaktion auf ein subjektives Stressempfinden bei der Arbeit tatsächlich als freiwillig eingestuft werden kann.

Es gibt ebenfalls Ansätze, die besagen, dass eine ethische Diskussion im engeren Sinne erst sinnvoll ist und notwendig erscheint, wenn es ideale Psychopharmaka mit einem gerechtfertigten Risiko-Nutzen-Profil gibt. Zudem behandelt die ethische Diskussion nicht das ursächliche Problem, welches eigentlich debattiert werden müsste: Die heutige Arbeitswelt und ihre Auswirkungen auf das Individuum.

Handlungsempfehlungen 6

Die Ergebnisse der Studien, die Aussagen der Experten sowie die ethische Bewertung lassen sich so interpretieren, dass Neuro-Enhancement und die damit verbundene Einnahme von verschreibungspflichtigen Medikamenten von gesunden Menschen nach heutigem Stand kritisch zu bewerten ist. Neuro-Enhancement kann zum gegenwärtigen Zeitpunkt aufgrund des unverhältnismäßigen Risiko-Nutzen-Profils nicht befürwortet werden. Die Handlungsempfehlungen (siehe Abb. 6.1) stehen daher im Kontext des Schutzes vor Neuro-Enhancement und richten sich an Arbeitnehmer, Unternehmen und Politik. Die Handlungsempfehlungen sollen helfen, reflektiert und sensibel mit dem Thema umzugehen.

6.1 Handlungsempfehlungen für Individuen

Jede Person verfügt über eigene Strategien zur Stressbewältigung. Die Einnahme psychoaktiver Substanzen stellt nur *eine* mögliche Coping-Methode dar. Die Handlungsempfehlungen nennen eine Vielzahl von alternativen Stressbewältigungsstrategien für Arbeitnehmer. Als wichtigster Ansatz lassen sich dabei Präventionsmaßnahmen gegen Stress identifizieren. Wenn im Vorfeld das Aufkommen einer defizitären und stressigen Situation bereits verhindert werden kann, sinkt automatisch die Wahrscheinlichkeit einer Einnahme. Für jeden Arbeitnehmer ist es dabei elementar, für sich selbst die optimale, persönliche Alternative zu finden. Nur dann hat diese Maßnahme auch Erfolg. Die nachgewiesene Wirkung kann gering sein, wichtig sind vielmehr das subjektive Empfinden und die persönliche Wahrnehmung einer Stressreduktion.

S. Gesing, *Medikamente zur Selbstoptimierung*, essentials, https://doi.org/10.1007/978-3-658-31218-3_6

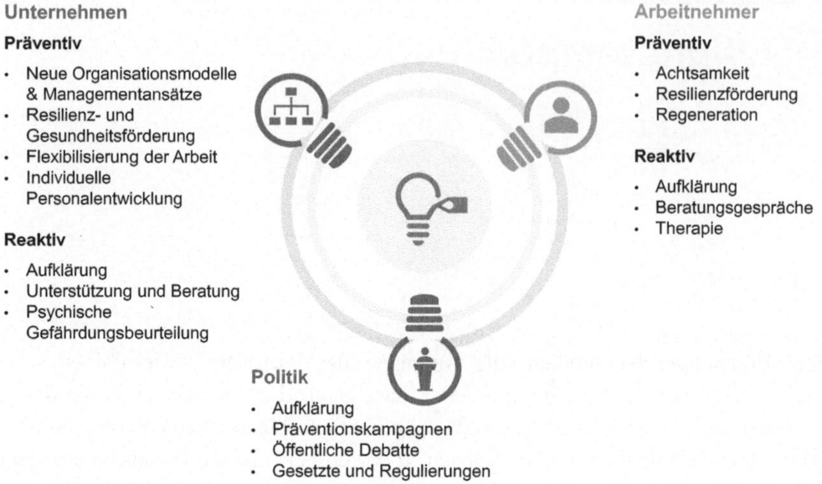

Abb. 6.1 Übersicht der Handlungsempfehlungen. (Quelle: Eigene Darstellung)

Präventive Maßnahmen

Um Stresssituationen effektiv zu begegnen, bedarf es zuerst einer aktiven Selbstreflexion. Was bereitet Stress am Arbeitsplatz? Wie gehe ich aktuell mit der Bewältigung von Stress um? Welche weiteren Möglichkeiten zur Reduktion der Stressempfindung wären denkbar? Erst, wenn die Person sich selbst bewusst ist, wie sie auf bestimmte Situationen reagiert, können alternative Methoden von Erfolg gekrönt sein.

Achtsamkeit, Resilienzförderung und Regeneration sind in diesem Rahmen die elementaren Konzepte für den Arbeitnehmer.

Achtsamkeit ist die aufmerksame und sensible Wahrnehmung von Reizen der Umwelt sowie ein bewusster und reflektierter Umgang damit. Dies kann beispielsweise durch Meditationstechniken, Yoga und Autogenes Training erlernt und trainiert werden. Diese Methoden fördern die Sensibilität für Belastungen; Stresssituationen werden schneller erkannt und können proaktiv angegangen werden (Moesgen und Klein 2018).

Eine weitere Form der Achtsamkeit ist *OMline*. Dieses Konzept findet vor allem in der digitalen Welt Anklang. Es beschreibt einen reflektierten Umgang mit digitalen Technologien (Schuldt 2018). Bewusstes Abschalten mobiler

Endgeräte und das Besinnen auf das Hier und Jetzt sind elementare Bestandteile der neuen Bewegung. Achtsamkeit als präventive Maßnahme schätzen bereits auch viele Top-Manager. Berichten zufolge meditierten die ehemaligen Vorstandsvorsitzenden Norbert Reithofer (BMW AG), Klaus Kleinfeld (Siemens AG) sowie Peter Terium (RWE AG) regelmäßig (Michler 2016). Viele der Anwendungen werden heute bereits von der gesetzlichen Krankenkasse als Prävention anerkannt und bezuschusst.

Ein weiterer wichtiger Baustein zur effektiven Stressprävention ist das Konzept der *Resilienzförderung*. Es beschreibt die individuelle, psychische Widerstandsfähigkeit, welche durch die Nutzung persönlicher Ressourcen ermöglicht, Stresssituationen erfolgreich zu begegnen sowie gestärkt aus ihnen hervorzugehen (Schulze und Sejkora 2015). Unempfindlicher sowie belastbarer zu werden ist vor allem durch gesunde Ernährung, Sport und mentales Training möglich.

Als dritte Präventionsmaßnahme ist die *Regeneration* zu nennen. Gerade nach stressreichen Phasen oder langen Arbeitstagen ist es essenziell, sich Ruhepausen zu nehmen. *Psychological detachment* nennt sich der notwendige, erholsam empfundene Abstand vor der Arbeit, welcher vor Überforderung, Burnout sowie Erschöpfung schützt (Sonnentag et al. 2010). Schlaf stellt dabei die wichtigste Form der Regeneration dar.

Reaktive Maßnahmen

Arbeitnehmern, die bereits psychoaktive Substanzen zur Stressbewältigung konsumieren, helfen neben den bereits erwähnten Maßnahmen vor allem beratende Gespräche. Der Besuch einer Selbsthilfegruppe, das Aufsuchen von Ärzten oder das Gespräch mit Vertrauenspersonen im Unternehmen sind ein probates Mittel, um Substanzkonsum zu begegnen. Der Fokus liegt hier auf der Aufklärung und Einsicht der Individuen. Die Deutsche Hauptstelle für Suchtfragen e. V. (DHS) gibt in diesem Zusammenhang wertvolle Alternativen und zeigt Adressen auf, an die sich Konsumenten vertrauensvoll wenden können.

Bei chronischem Missbrauch psychoaktiver Substanzen sind zudem therapeutische Ansätze von Relevanz. Es ist vor allem wichtig, alternative Bewältigungsstrategien auszuprobieren und aus ihnen zu lernen (Moesgen und Klein 2018). Dies baut dabei neue Kompetenzen auf, die resiliente Ressourcen für zukünftige Stresssituationen darstellen.

6.2   Handlungsempfehlungen für Unternehmen

Die derzeitigen Arbeitsbedingungen der Leistungsgesellschaft stärken die Bedeutung psychoaktiver Substanzen am Arbeitsplatz. Um dem entgegenzuwirken, müssen grundlegende Eckpfeiler gegenwärtiger Organisationsmodelle und -elemente überdacht werden. Auch die Handlungsempfehlungen für Unternehmen lassen sich vor diesem Hintergrund in präventive und reaktive Maßnahmen einteilen.

Präventive Maßnahmen

Die Arbeitswelt muss humaner gestaltet werden. Nicht die Substanzen sind das Problem, sondern alte Strukturen und Management-Modelle, an denen festgehalten wird. Hierarchien, individuelle Zielvorgaben und strikte Arbeitszeiten haben in der heutigen Arbeitswelt ausgedient. Sie verursachen und steigern das Stressempfinden. Moderne und erfolgreiche Unternehmen setzen auf neue Konzepte und garantieren so eine hohe Mitarbeiterzufriedenheit und sichern die langfristige psychische Gesundheit der Belegschaft.

Das Konzept des *Feelgood-Managements* ist ein moderner Unternehmensansatz, welcher das Ziel hat, optimale Arbeits- und Lernbedingungen für jeden Arbeitnehmer in der Organisation zu schaffen (Gesing und Weber 2017). Es werden die Bedürfnisse aller Mitarbeiter berücksichtigt, Potenziale und Ressourcen jedes Einzelnen gefördert und im Rahmen einer wertschätzenden und werteorientierten Unternehmenskultur ein kooperatives Zusammenarbeiten ermöglicht. Die Veränderungen hin zu einer Wohlfühl-Unternehmenskultur werden im Unternehmen von sogenannten Feelgood-Managern oder Botschaftern vorangetrieben und verantwortet. Mit Feelgood-Management wird dabei oft das Konzept des Positive Leadership in Verbindung gebracht (Weber und Gesing 2019). Die neue Unternehmenskultur sowie die gestärkte soziale Verbundenheit untereinander lassen subjektives Stressempfinden bei der Arbeit schwinden.

Eine weitere zukunftsträchtige Organisationsstruktur stellt die *Holokratie* dar. Das Konzept schwächt die Bedeutung von Organigrammen und setzt auf flache Hierarchien, schnelle Kommunikation und autonome Teams (Jeromin et al. 2017). Die Arbeitnehmer werden in die Entscheidungsfindung mit einbezogen, was zu einer hohen Transparenz, Partizipation und Motivation führt. Ferner wird die Leistungsbewertung nicht mehr an der individuellen Zielerreichung gemessen, sondern an übergeordneten Unternehmenszielen. Auf diese Weise vermindern sich das Konkurrenzdenken und der Leistungsdruck in der Organisation.

Neben den grundlegenden Änderungen der Unternehmensphilosophie setzen die folgenden Handlungsempfehlungen am Wohlbefinden der Individuen an.

Dabei stehen auf der einen Seite die Förderung der Gesundheit der Arbeitnehmer als präventive Maßnahme, auf der anderen Seite die Anpassung der Arbeitsbedingungen an die individuellen Bedürfnisse der Mitarbeiter.

Unternehmen können proaktiv die Resilienz- und Gesundheitsförderung der Mitarbeiter unterstützen. Im Rahmen des digitalen Zeitalters gibt es beispielsweise die *Changers CO² fit* App, welche von Unternehmen wie Ernst & Young, H&M und IKEA eingesetzt wird. Sie verbindet Gesundheitsförderung mit Unternehmenszusammenhalt, Mitarbeitermotivation und Umweltschutz. Die Logik hinter der Applikation ist, dass Mitarbeiter für ihre körperlichen und gesundheitlichen Aktivitäten, wie beispielsweise Fahrradfahren und Joggen, Bonuspunkte erhalten. Diese können dann im Unternehmen gegen eine kostenlose Rückenschulung oder Massage sowie neues Fahrradzubehör eingetauscht werden. Eine weitere Möglichkeit zeigt die Bank IngDiBa auf. Sie stellt allen Arbeitnehmern ein jährliches Gesundheitsbudget von 300 € zur Verfügung, mit dem die Mitarbeiter aus einem vorgegebenen Gesundheitskataloge Anwendungen frei auswählen können (WELT 2017).

Ein effizientes Betriebliches Gesundheitsmanagement (BGM), welches das Thema der Gesundheit der Mitarbeiter im Unternehmen verantwortet, ist unerlässlich. Es ermöglicht, aktuelle Arbeitsbedingungen, psychischen Stressbelastungen und Risikogruppen zu analysieren und zu identifizieren. Darauf aufbauend kann ein maßgeschneidertes Angebot zur Gesundheitsförderung etabliert werden. Dabei muss das BGM nicht immer in der Organisation angesiedelt sein. Im Jahr 2011 gründete sich beispielsweise das *Betriebliche GesundheitsTicket*, welches ein bundesweites Netzwerk an zertifizierten Gesundheitspartnern und ihren jeweiligen Angeboten zusammenfasst. Diese externe Lösung vereint die Interessen von Arbeitgeber und Arbeitnehmer und ermöglicht ein Höchstmaß an persönlichen Möglichkeiten der Gesundheitsförderung. Neben dem Outsourcing bestimmter Angebote etabliert sich auch die Idee der Übernahme von Dienstleistungen für Arbeitnehmer. Um den Stress aus der Vereinbarkeit von Privat- und Berufsleben zu minimieren, bieten Unternehmen teilweise auch Wäsche-Wasch- und Reinigungs-Dienste an.

Eine weitere Bandbreite an Handlungsempfehlungen setzt an den individuellen Bedürfnissen der Mitarbeiter an. Je flexibler ein Arbeitnehmer im Unternehmen agieren kann und sich seine Zeit selbst einteilen kann, desto weniger fühlt sich die Person gestresst und überfordert. Innovative Maßnahmen, die an dieser Überlegung ansetzen, etablierten in den letzten Jahren die Unternehmen Bosch, Deutsche Bahn sowie DHL (Beeger und Bös 2019). Sie ermöglichen es Mitarbeitern, individuell zwischen Gehaltserhöhungen oder mehr Freizeitausgleich in Form von Urlaub zu wählen.

Reaktive Maßnahmen

Neben präventiven Maßnahmen ist es genauso wichtig, Arbeitnehmern, die bereits psychoaktive Substanzen konsumieren, Unterstützung anzubieten. Vor allem die Sensibilisierung von Führungskräften ist elementar. Explizit für Führungskräfte gibt es von der Deutschen Hauptstelle für Suchtfragen e. V. (DHS) einen Leitfaden zum Umgang mit Suchtproblemen bei Mitarbeitern. Auch die Ernennung einer Vertrauensperson, sowie die Bereitstellung unabhängiger, externer Beratungsstellen ist in diesem Zusammenhang wichtig. Das Unternehmen *instahelp* ist eine solche externe psychologische Beratungsstelle, welche bereits den *HR Innovation Award* für ihr Geschäftsmodell erhielt. Sie bietet individuelle Hilfe an, die 24 h am Tag in Anspruch genommen werden kann.

Ferner sind regelmäßige Mitarbeitergespräche von Relevanz, um kontinuierlich die Belastung der Arbeitnehmer zu bewerten und die Ursachen zur Einnahme zu identifizieren. Dazu empfiehlt sich eine psychische Gefährdungsbeurteilung gemeinsam mit dem Mitarbeiter durchzuführen. Die Ausarbeitung konkreter Maßnahmen und nächste Schritte aufbauend darauf setzt an dem Ursprung der Belastungen an und zeigt durch die intensive Beschäftigung mit dem Mitarbeiter Wertschätzung und Verständnis.

Um die Handlungsempfehlungen und Best-Practice-Beispiele anderer Unternehmen umzusetzen, bedarf es jedoch eines bestimmten Mindsets von Organisationen. Die Investitionen in die Mitarbeiter und in ihre Gesundheit müssen als Gewinn verstanden werden. Gesunde Mitarbeiter sind ein entscheidendes Kapital und haben maßgeblich Einfluss auf den Erfolg des Unternehmens. Für diese Einsicht seitens der Unternehmen bedarf es Zeit, weitere Best-Practice-Beispiele und positive Erfahrungen.

6.3 Handlungsempfehlungen für Politik

Die Politik hat unter anderem die Aufgabe, Rahmenbedingungen für die aktuelle und zukünftige Arbeitswelt zu schaffen. Ihr kommt damit auch eine entscheidende Verantwortung im Kontext der Verbreitung von Neuro-Enhancement zu. Durch Gesetze, Subventionen sowie öffentliche Forschungsaufträge und Debatten gestaltet die Politik die Arbeitswelt.

Politik muss in erster Linie öffentlich aufklären. Die Paradoxie dabei ist, dass erst jeder Bürger wissen muss, was Neuro-Enhancement ist, um anschließend über die Risiken und Nebenwirkungen aufgeklärt zu werden. Ähnlich der bundesweiten Kampagne *Looks like shit. But saves my life* zur Helmpflicht beim Fahrradfahren wären große Plakate im Straßenbild sowie TV-Spots mit Prominenten und zusätzlich mit Influencern über Social Media denkbar. Eine besonders frühzeitige Aufklärung bei Arbeitnehmern ist dabei von Nachhaltigkeit geprägt. In diesem Rahmen etablierte das Bundesgesundheitsministerium das Programm *Prev@Work,* welches bereits Auszubildende über Suchtmissbrauch sowie Prävention im Arbeitskontext aufklärt.

Ferner hat die Politik die Möglichkeit, neue Gesetze zu erlassen. Höhere Ausgaben für die psychische Gesundheitsförderung der Arbeitnehmer wären hier beispielsweise denkbar. Eine gesetzliche, liberale Regulierung der psychoaktiven Substanzen wird als Handlungsempfehlung eher abgelehnt. Im Gegenteil sollte die Rolle der Ärzte kritisch beleuchtet werden. Sie fungieren als sogenannte *Gatekeeper* (Torwächter) bei der Ausgabe von verschreibungspflichtigen Medikamenten und steuern so den Zugang zu psychoaktiven Substanzen. Aufgrund dieser verantwortungsvollen Aufgabe sollten Ärzte aufgeklärt werden und verstärkt darauf achten, welche Absicht ein Arbeitnehmer mit der gewünschten Verschreibung verfolgt.

Bevor eine weitere Regulierung in Erwägung gezogen wird, sollte zuerst die Bekämpfung der Ursache im Fokus stehen. Vor diesem Hintergrund sollte die Politik eine unvoreingenommene und öffentliche Debatte eröffnen. Dazu gehört zum einen die Vergabe weiterer Forschungsaufträge, um die lückenhafte Datenlage weiter zu schließen. Zum anderen muss überlegt werden, wie der Leistungsgesellschaft und den gegenwärtigen Arbeitsbedingungen in Zukunft begegnet werden soll. Soll das deutsche Wirtschaftsmodell beibehalten werden? Inwieweit ist eine maximale Begrenzung des Wachstums denkbar und erstrebenswert? Inwieweit wird der Mensch an ein System angepasst, welches eigentlich nicht befürwortet wird? Die Beschäftigung mit diesen Fragen auf allen Ebenen der Gesellschaft ermöglicht eine Reflexion der heutigen und zukünftigen Arbeitswelt.

Neuro-Enhancement als realistisches Zukunftsszenario? 7

Neuro-Enhancement kann als die Fortsetzung des menschlichen Optimierungsstrebens verstanden werden. Der Wunsch nach individueller Verbesserung ist im Menschen verankert. Der verspürte Druck zur Selbstoptimierung ist jedoch ein Charakteristikum des gesellschaftlichen Kontextes und der Arbeitswelt des 21. Jahrhunderts. Die Einnahme psychoaktiver Substanzen am Arbeitsplatz ist eine Reaktion auf eine Gesellschaft, die ökonomisches Wachstum als oberste Maxime ansieht und Leistung von allen Akteuren fordert. Im Arbeitskontext führt dies zu Überforderung und subjektivem Stressempfinden beim Arbeitnehmer. Neuro-Enhancement ist folglich ein Phänomen, welches die Gesellschaft eigens hervorgebracht hat. Anders formuliert: In einer humaneren Arbeitswelt würde es Neuro-Enhancement wahrscheinlich nicht geben. Die Ergebnisse jedoch zeigen, dass die Bedeutung der Einnahme psychoaktiver Substanzen nicht gesamtgesellschaftlich getragen wird. Es handelt sich eher um ein Randproblem mit verhältnismäßig geringer Verbreitung unter bestimmten Berufs- und Personengruppen. Auch, wenn es kein Massenphänomen ist, ist es dennoch ein Alarmsignal. Es ist wichtig, Neuro-Enhancement in die Öffentlichkeit zu rücken und in das Bewusstsein der Individuen zu bringen, da die Risiken der Einnahme sowohl für den Konsumenten als auch für dessen Kollegen am Arbeitsplatz und den unternehmerischen Erfolg erheblich sind. Das Risiko-Nutzen-Verhältnis der Wirkstoffe geht zulasten aller. Es ist augenscheinlich, dass Stresssituationen im Arbeitskontext nicht vermeidbar sind, dennoch gibt es nachweislich gesündere und sicherere Methoden zur Stressbewältigung. Diese Alternativen müssen Arbeitnehmern aufgezeigt werden, präsent sein und gelebt werden. Auch, wenn die Verbreitung aktuell noch gering ist, muss jetzt agiert werden. Ob die Verbreitung von Neuro-Enhancement weiter steigen wird, ist davon abhängig, wie sich die Arbeitswelt in den nächsten Jahren entwickeln und verändern wird. Die

Digitalisierung erhält immer weiter Einzug in die Arbeitswelt und den Alltag. Diese Transformation bedeutet bereits heute zusätzlichen Stress für den Einzelnen. Dabei stehen jedoch nicht nur die Individuen in der Verantwortung, gegen Neuro-Enhancement etwas zu tun, sondern alle: Aufklärung und Sensibilisierung müssen auf allen Ebenen – Individuum, Unternehmen und Politik – erfolgen. Nur durch die Zusammenarbeit aller Akteure in der Gesellschaft kann eine Arbeitswelt der Zukunft entwickelt werden, in der Neuro-Enhancement keine Bedeutung mehr hat. Die zentrale Frage, die in der Gesellschaft gestellt werden muss, ist: *Muss der Mensch an die heutige Arbeitswelt angepasst werden oder müsste die Arbeitswelt sich an den Menschen anpassen?*

Zusammenfassend macht die Untersuchung des Phänomens Neuro-Enhancement deutlich, dass nach heutigem Stand die risikolose und wirksame Optimierung des Gehirns eine Utopie ist. Expertenaussagen legen nahe, dass es nie die ideale psychoaktive Substanz für gesunde Menschen geben wird. Die Risiken werden stets den individuellen Nutzen übersteigen, sodass kein ausgewogenes Risiko-Nutzen-Profil für Neuro-Enhancer möglich sein wird. Ein gesunder Körper hat das Optimum an Leistungsfähigkeit erreicht und braucht keine weiteren Substanzen. Jeder Eingriff in das fragile Gleichgewicht eines gesunden Gehirns, welches sich über Jahrhunderte im Rahmen der Evolution weiterentwickelt hat, bleibt nicht ohne Nebenwirkungen. Menschen, die sich den eigenen Stärken und Schwächen bewusst sind und authentisch zu ihnen stehen, können selbstbewusster auftreten und in Stresssituationen konstruktive Lösungsmöglichkeiten angehen.

Wirksames Neuro-Enhancement bleibt somit eine Fiktion und die Vorstellung von Aldous Huxley nach aktuellem Stand doch ein unrealistisches Zukunftsszenario.

Die Welt ist nicht da, um verbessert zu werden. Auch ihr seid nicht da, um verbessert zu werden. Ihr seid aber da, um ihr selbst zu sein.
Herman Hesse (1877–1962)

Was Sie aus diesem *essential* mitnehmen können

- Ein umfassendes Verständnis zu den Auswirkungen der heutigen Arbeitswelt auf der Arbeitnehmer
- Kenntnisse über Neuro-Enhancement in Deutschland
- Konkrete Handlungsempfehlungen zur individuellen Stressbewältigung
- Gedanken zum Wertbeitrag einer werteorientierten Arbeitswelt

S. Gesing, *Medikamente zur Selbstoptimierung,* essentials, https://doi.org/10.1007/978-3-658-31218-3

Literatur

Ach, J., Beck, B., Lüttenberg, B. & Stroop, B. (2018). Neuro-Enhancement: Worum es geht. In N. Erny et al. (Hrsg.). *Die Leistungssteigerung des menschlichen Gehirns.* (S. 37–56). Wiesbaden: Springer.

Achilles, F. (2013). Suchtprobleme am Arbeitsplatz aus juristischer Sicht. In B. Badura et al. (Hrsg.). *Fehlzeiten-Report 2013.* (S. 3–9). Heidelberg: Springer.

Albayrak, M. E. (2019). Microdosing. *Marine Corps Gazette, February 2019,* 1–5.

Aschauer, W. (2017). Individualisierung und Unbehagen: Die Ambivalenz der Freiheit. In W. Aschauer (Hrsg.). *Das gesellschaftliche Unbehagen in der EU.* (S. 349–415). Wiesbaden: Springer.

Axel Springer SE. (2015). Job-Doping kennt weder Status noch Gehalt. Verfügbar unter: https://www.welt.de/print/welt_kompakt/hamburg/article138983098/Job-Dopingkennt-weder-Status-noch-Gehalt.html#Comments (Zugriff: 07.07.2019).

Beeger, B. & Bös, N. (2019). Hey Boss, ich will mehr Zeit. *FAZ Woche. (17/2019),* S. 14–19.

Bertram, C. (2015). Feelgood-Manager. Ein Jobtitel als Statement. *Personalwirtschaft Magazin für Human Resources (12/2015),* S. 16–21.

Biedermann, F. (2010). „Smart Drugs" vor dem gesellschaftlichen Durchbruch? *Sucht-Magazin, 2,* 12–16.

Bitkom (2018). *Presseinformation: Sieben von zehn Berufstätigen sind über die Feiertageerreichbar.* Verfügbar unter: https://www.bitkom.org/Presse/Presse-information/Sieben-von-zehn-Berufstaetigen-sind-ueber-die-Feiertage-erreichbar (Zugriff: 07.07.2019).

Bitkom (2019). *Digitalisierung der Wirtschaft.* Verfügbar unter: https://www.bitkom.org/sites/default/files/2019-04/bitkom_charts_hub_-_digitalisierung_der_wirt-schaft_10_04_2019_final.pdf (Zugriff: 07.07.2019).

Bröckling, U. (2007). *Das unternehmerische Selbst: Soziologie einer Subjektivierungsform.* Frankfurt am Main: Suhrkamp.

Dalzell, T. (2009). Writing doctor. *The Routledge Dictionary of Modern American Slang and Unconventional English,* 1065–1066.

© Der/die Herausgeber bzw. der/die Autor(en), exklusiv lizenziert durch Springer Fachmedien Wiesbaden GmbH, ein Teil von Springer Nature 2020
S. Gesing, *Medikamente zur Selbstoptimierung,* essentials,
https://doi.org/10.1007/978-3-658-31218-3

Deloitte. (2013). *Digitalisierung im Mittelstand. Studienserie "Erfolgsfaktoren im Mittelstand"*. Verfügbar unter: http://www.forschungsnetzwerk.at/downloadpub/ Digitalisierung-im-Mittelstand.pdf (Zugriff: 07.07.2019).

Dengler, K. & Matthes, B. (2015). *IAB-Forschungsbericht. Folgen der Digitalisierung für die Arbeitswelt*. Nürnberg: Institut für Arbeitsmarkt- und Berufsforschung der Bundesagentur für Arbeit.

Dienel, H.-L. & Willke, G. (2004). *Deutschland in der globalen Wissensgesellschaft: Auswirkungen und Anforderungen*. Berlin: Friedrich-Ebert-Stiftung.

Dietz, P., Striegel, H., Franke, A. G., Lieb, K., Simon, P. & Ulrich, R. (2013). Randomized response estimates for the 12-month prevalence of cognitive-enhancing drug use in university students. *Pharmacotherapy, 33(1)*, 44–50.

Dubljević, V. (2019). *Neuroethics, justice and autonomy: Public reason in the cognitive enhancement debate. The international library of ethics, law, and technology: volume 19*. Cham, Switzerland: Springer.

Ducki, A. (2013). Verdammt zum Erfolg – die süchtige Arbeitsgesellschaft? In B. Badura et al. (Hrsg.). *Fehlzeiten-Report 2013* (S. 3–9). Heidelberg: Springer.

Eberhardt, D. & Majkovic, A.-L. (2015). *Die Zukunft der Führung. Eine explorative Studie zu den Führungsherausforderungen von morgen*. Wiesbaden: Springer.

Eckhardt, A., Bachmann, A., Marti, M., & Rütsche, Bernhard, Telser, Harry (2011). *Human enhancement*. Zürich: Vdf.

Förstl, H. (2009). Neuro-Enhancement. Gehirndoping. *Der Nervenarzt, 80*(7), 840–846. https://doi.org/10.1007/s00115-009-2801-6.

Franke, A., Bonertz, C., Christmann, M., Huss, M., Fellgiebel, A., Hildt, E., & Lieb, K. (2011). Non-medical use of prescription stimulants and illicit use of stimulants for cognitive enhancement in pupils and students in Germany. *Pharmacopsychiatry, 44*(2), 60–66.

Franke, A., Hildt, E. & Lieb, K. (2011). Muster des Missbrauchs von (Psycho-) Stimulanzien zum pharmakologischen Neuroenhancement bei Studierenden. *Suchttherapie, 12*(04), 167–172.

Franke, A. & Lieb, K. (2010). Pharmakologisches Neuroenhancement und Hirndoping – Chancen und Risiken. Bundesgesundheitsblatt, (53), 853–859.

Franke, A., Papenburg, C., Schotten, E., Reiner, P. B. & Lieb, K. (2014). Attitudes towards prescribing cognitive enhancers among primary care physicians in Germany. *BMC family practice, 15*, 3.

Galert, T., Bublitz, C., Heuser, I., Merkel, R., Repantis, D., Schöne-Seifert, B. & Talbot, D. (2009). Das optimierte Gehirn. *Gehirn und Geist* (11/2009), S. 40–48.

Gesing, S., & Weber, U. (2017). Konzept und Berufsbild des Feelgood-Managements. essentials. Wiesbaden: Springer Gabler.

Glannon, W. (2008). Psychopharmacological enhancement. *Neuroethics 1 (1)*, 45–54.

Greely, H., Sahakian, B., Harris, J., Kessler, R. C., Gazzaniga, M., Campbell, P. & Farah, M. J. (2008). Towards responsible use of cognitive-enhancing drugs by the healthy. *Nature, 456(7223)*, 702–705.

Gündel, H. (2014). Immer schneller, höher, weiter – Zeit- und Leistungsdruck in der Arbeit. In H. Gündel, J. Glaser, P. Angerer (Hrsg.). *Arbeiten und gesund bleiben*. (S. 85–98). Berlin, Heidelberg: Springer.

Hellert, U. (2014). *Arbeitszeitmodelle der Zukunft. Arbeitszeiten flexibel und attraktiv gestalten* (1. Aufl.). Freiburg: Haufe.

IGES Institut. (2009). *DAK Gesundheitsreport 2009.* Hamburg: DAK Versorgungsmanagement.

IGES Institut. (2015). *DAK Gesundheitsreport 2015.* Hamburg: DAK Versorgungsmanagement.

Jeromin, J., Jourdan, G. & von Nell, F. (2017). *Leadership in Organisationen mit reduzierten Hierarchien.* Wiesbaden: Springer.

Knieps, F. & Pfaff, H. (2018). *BKK Gesundheitsreport 2018.* Berlin: MWV Medizinisch Wissenschaftliche Verlagsgesellschaft.

Lappin, G., Noveck, R., & Burt, T. (2013). Microdosing and drug development: past, present and future. *Expert opinion on drug metabolism & toxicology, 9*(7), 817–834.

Lazarus, R. S. & Folkman, S. (1984). *Stress, appraisal, and coping.* New York: Springer Pub. Co.

Lieb, K. (2010). *Hirndoping: Warum wir nicht alles schlucken sollten.* Mannheim: Artemis & Winkler.

Maher, B. (2008). Poll results: look who's doping. *Nature, 452*(7188), 674–675.

Maier, L. J., Haug, S. & Schaub, M. P. (2015). The importance of stress, self-efficacy, and self-medication for pharmacological neuroenhancement among employees and students. *Drug and Alcohol Dependence, 156,* 221–227.

McCabe, S. E., Knight, J. R., Teter, C. J. & Wechsler, H. (2005). Non-medical use of prescription stimulants among US college students: prevalence and correlates from a national survey. *Addiction (Abingdon, England), 100(1),* 96–106.

Meckel, M., Merten, M. & Prange, S. (2018). *Mit diesen Drogen pimpen Manager ihr Gehirn.* Verfügbar unter: https://www.handelsblatt.com/unternehmen/beruf-undbuero/the_shift/hirndoping-mit-diesen-drogen-pimpen-manager-ihr-gehirn-/21087150.html (Zugriff: 07.07.2019).

Meyer-Radtke, M. (2009). 800.000 Deutsche dopen sich für den Job, SPIEGEL ONLINE. Verfügbar unter http://www.spiegel.de/wissenschaft/mensch/studie-800-000-deutsche-dopen-sich-fuer-den-job-a-607343.html (Zugriff: 07.07.2019).

Michler, I. (2016). *Wie Chefs durch Meditation unerbittlich werden.* Verfügbar unter: https://www.welt.de/wirtschaft/article156019448/Wie-Chefs-durch-Meditationunerbittlich-werden.html (Zugriff: 07.08.2019).

Moesgen, D., & Klein, M. (2018). Neuroenhancement am Arbeitsplatz. *PiD – Psychotherapie im Dialog, 19*(03), 65–69.

Moesgen, D., Klein, M., Köhler, T., Knerr, P., & Schröder, H. (2013). Pharmakologisches Neuroenhancement – Epidemiologie und Ursachenforschung. *Suchttherapie, 14*(01), 8–15.

Racine, E. (2010). *Pragmatic neuroethics: Improving treatment and understanding of themind-brain.* Cambridge, MA: MIT Press.

Repantis, D. (2009). Die Wirkung von Psychopharmaka bei Gesunden. In: A. Wienke, W. Eberbach, H. Kramer, K. Janke (Hrsg.). *Die Verbesserung des Menschen. MedR Schriftreihe Medizinrecht* (S. 63-68). Berlin, Heidelberg: Springer.

Repantis, D., Schlattmann, P., Laisney, O. & Heuser, I. (2010). Modafinil and methylphenidate for neuroenhancement in healthy individuals: A systematic review. *Pharmacological research, 62*(3), 187–206.

Rieser-Lembang, B. (2016). Arbeitsplatz im Wandel. In I. Pirker-Binder (Hrsg.). *Prävention von Erschöpfung in der Arbeitswelt*. (S. 125-145). Heidelberg: Springer.

Robert Koch Institut. (2011). *Kolibri- Studie zum Konsum leistungsbeeinflussender Mittel in Alltag und Freizeit – Ergebnisbericht*. Berlin: RKI.

Sauter, A. & Gerlinger, K. (2012). *Der pharmakologisch verbesserte Mensch: Leistungssteigernde Mittel als gesellschaftliche Herausforderung. Studien des Büros für Technikfolgen-Abschätzung beim Deutschen Bundestag: Vol. 34*. Berlin: Edition Sigma.

Schelle, K. J., Faulmüller, N., Caviola, L., & Hewstone, M. (2014). Attitudes toward pharmacological cognitive enhancement-a review. *Frontiers in systems neuroscience, 8*, 53.

Schießl, N. (2015). Intrapreneurship-Potenziale bei Mitarbeitern: Entwicklung, Optimierung und Validierung eines Diagnoseinstruments. Research. Innovation und Entrepreneurship.

Schröder, H., Köhler, T., Knerr, P. & Kühne, S. (2015). *Einfluss psychischer Belastungen am Arbeitsplatz auf das Neuroenhancement – empirische Untersuchungen an Erwerbstätigen: Forschung Projekt F 2283*. Dortmund, Berlin, Dresden: Bundesanstalt für Arbeitsschutz und Arbeitsmedizin.

Schüppel, J. (1996). *Wissensmanagement*. St. Gallen: Gabler Edition Wissenschaft.

Schuldt, C. (2018). *OMline: Digital erleuchtet*. Verfügbar unter: https://www.zukunftsinstitut.de/artikel/lebensstile/omline-digital-erleuchtet/ (Zugriff: 07.07.2019).

Schulze, H. S. & Sejkora, K. (2015). *Positive Führung. Resilienz statt Burnout* (1. Aufl.). Freiburg: Haufe.

Sinicki, A. (2019). *Thriving in the Gig Economy: Freelancing Online for Tech Professionals and Entrepreneurs*. Berkeley, CA: Apress; Imprint,Apress.

Smith, M. E. & Farah, M. J. (2011). Are prescription stimulants "smart pills"? The epidemiology and cognitive neuroscience of prescription stimulant use by normal healthy individuals. *Psychological Bulletin, 137*(5), 717–741.

Sonnentag, S., Binnewies, C. & Mojza, E. J. (2010). Staying well and engaged when demands are high: the role of psychological detachment. *The Journal of applied psychology, 95*, 965-976.

SPIEGEL Online. (2014). *Hartmann gesteht Crystal-Meth-Konsum*. Verfügbar unter: https://www.spiegel.de/politik/deutschland/michael-hartmann-spd-abgeordnetergesteht-konsum-vom-crystal-meth-a-980096.html (Zugriff: 07.07.2019).

Suhr, K. (2016). Drittes Kapitel: Pharmakologisches Kognitions-Enhancement – Begrifflichkeiten und rechtstatsächliche Aspekte. In K. Suhr (Hrsg.). *Der medizinisch nicht indizierte Eingriff zur kognitiven Leistungssteigerung aus rechtlicher Sicht* (S. 63-106). Berlin, Heidelberg: Springer.

Trenkamp, O. (2013). *Jeder fünfte Student putscht sich auf,* SPIEGEL ONLINE. Verfügbar unter http://www.spiegel.de/lebenundlernen/uni/hirndoping-jeder-fuenfte-student-nimmt-mittel-zu-leistungssteigerung-a-880810.html (Zugriff: 07.07.2019).

Van der Markt, R. A. (2012). *Das Ich-will-mehr-Prinzip: Auf dem Weg zu einer neuen Leistungskultur*. Wiesbaden: Springer Gabler.

Wagner, G. (2017). *Selbstoptimierung. Frankfurter Beiträge zur Soziologie und Sozialphilosophie: Band 23:* Campus Frankfurt/New York.

Weber, U., & Gesing, S. (2019). *Feelgood-Management: Chancen für etablierte Unternehmen. essentials*. Wiesbaden: Springer Fachmedien Wiesbaden.

WELT. (2017). *ING-Diba-Tarifvertrag setzt Maßstäbe*. Verfügbar unter: https://www.welt.de/newsticker/dpa_nt/infoline_nt/wirtschaft_nt/article162760728/ING-Diba-Tarifvertrag-setzt-Massstaebe.html (Zugriff: 07.07.2019).

Wöhrmann, A., Gerstenberg, S., Hünefeld, L., Pundt, F., Reeske-Behrens, A., Brenscheidt, F. & Beermann, B. (2016). *Arbeitszeitreport Deutschland 2016*. Verfügbar unter: https://www.baua.de/DE/Angebote/Publikationen/Berichte/F2398.pdf?__blob=publicationFile (Zugriff: 07.07.2019).

Wolff, W., & Brand, R. (2013). Subjective stressors in school and their relation to neuroenhancement: a behavioral perspective on students' everyday life "doping". *Substance abuse treatment, prevention, and policy, 8*, 23.